EAUX MINÉRALES

DE LA

ROUILLASSE

Près SOUBISE (Charente-Inférieure).

SAINT-JEAN-D'ANGÉLY,

IMPRIMERIE DE JULES SAUDAU,

RUE LÉVECOT.

—

1859.

PRÉCIS

DE

M. le docteur BOBE-MOREAU,

ANCIEN PHARMACIEN EN CHEF DE L'HÔPITAL DE ROCHEFORT,

SUR LES EAUX MINÉRALES FERRUGINEUSES

DE

LA ROUILLASSE,

RENDUES

À leur véritable propriété et à leur ancienne réputation.

Infusa salus innatat alveo.

Le domaine de la Rouillasse, situé à distance à peu près égale entre Soubise et Moëze, sur le penchant d'une colline exposée au midi, semble devoir le nom qu'il porte à la couleur jaune de rouille que donnent à quelques points de cette colline les eaux qui suintent à sa surface.

Deux fontaines sourdent à peu de distance l'une de l'autre. Celle qui coule à l'orient a les propriétés apparentes de l'eau pure, elle sert aux usages ordinaires des habitants.

On reconnaît facilement au premier aspect que l'eau de la seconde est altérée. La couleur d'oxide jaune de fer du terrain qu'elle arrose, la pellicule irisée qui recouvre cette eau, le dépôt jaune qu'elle fournit, sa saveur métallique acerbe, tout annonce en effet, que cette eau est ferrugineuse.

Les vertus des eaux minérales par le fer, sont généralement connues ; on sait combien elles sont avantageuses, spécialement dans plusieurs maladies qui affligent les contrées marécageuses.

1859

On ne doit donc pas être surpris que les eaux de la Rouillasse aient fixé depuis longtemps l'attention des médecins.

L'usage de ces eaux était déjà très répandu, lorsqu'en 1682, quelques années après la fondation de Rochefort, un médecin de la Rochelle, Nicolas Venette, publia dans un petit volume in-12 portant ce titre : « *Observations sur les eaux de la Rouillasse, en Saintonge, etc.* » Cinq entretiens qui renferment l'analyse de ces eaux, indiquent leurs propriétés, la manière d'en user comme remède, et les précautions qu'exige son usage, etc. Venette y raconte en effet, plusieurs cures opérées par ces eaux, sur des malades de la Rochelle. On lit dans le premier des entretiens, cette phrase remarquable :

« J'entendis du bruit dans une allée couverte ; aux li-
« vrées et à l'équipage je reconnus un gentilhomme qui
« venait boire les eaux. »

On trouve, près de la fontaine qui les fournit, les ruines de bâtiments dont la destination paraît avoir été de recevoir les malades. La fontaine de la Rouillasse coulait alors par quatre sources dans un bassin découvert et les substances organisées que le hasard y portait, déterminaient bientôt la décomposition de ses eaux.

Avant la révolution, et probablement d'après les avis de Venette, l'eau de la Rouillasse n'était plus conduite que par deux petits canaux très rapprochés et parallèles, dans deux bassins égaux, recouverts d'une voûte. Les deux bassins étaient séparés par une cloison qui semblait indiquer qu'on supposait à ces eaux des vertus différentes ; mais l'analyse n'a rien présenté qui puisse confirmer cette opinion.

La réputation si justement méritée de ces eaux ferrugineuses semblait oubliée et associée bien injustement, à l'insalubrité même du sol qui les produit, lorsqu'à l'époque de la révolution, la maison de la Rouillasse changea de maître. La fontaine qui avait été jusqu'alors négligée, fut abandonnée entièrement. Les arbres qui l'ombrageaient furent abattus, et ses eaux ne s'écoulaient plus qu'au milieu des ronces et des épines.

Le subséquent propriétaire, stimulé par un zèle digne d'éloges, voulut rendre à cette source la réputation qui la distinguait dans des temps plus prospères et faire jouir ses concitoyens des avantages d'une eau médicinale dont les rares vertus ne se trouvent réunies que dans un petit nombre des eaux ferrugineuses que possède la France. Il fit en conséquence restaurer les bassins, pratiquer un aqueduc pour faciliter l'accès de la fontaine, et entourer le tout d'un édifice élégant, au frontispice duquel fut gravée cette inscription de M. B..., avocat à la Rochelle, qui, sans doute, en avait éprouvé les heureux effets : *Infusa salus innatat alveo.*

Ces dispositions favorables réunies à la proximité de la maison où l'on peut compter sur toute espèce de concours, n'ont pas paru suffisantes au propriétaire de la Rouillasse, pour engager les malades à jouir, avec sécurité, du bienfait de ces eaux, il a voulu qu'une analyse exacte fît connaître les substances qui les minéralisaient et ne laissât aucun doute sur la réalité de ses vertus curatives.

L'analyse faite en 1682, dans un temps où les procédés analytiques étaient si incertains, ne présentait aucune garantie, et les analyses plus méthodiques faites depuis, n'ayant pas été répandues, les malades ne pouvaient pas jouir des avantages d'un remède efficace dont les médecins eux-mêmes, ne connaissaient pas toutes les propriétés. Ainsi, l'on a vu souvent des malades aller chercher à grands frais, loin de leur famille, le secours d'eaux ferrugineuses moins salutaires, parce que les vertus de celles de la Rouillasse, si bien démontrées par l'observation, n'avaient pas été mises en évidence par une analyse rigoureuse.

M. le docteur Bobe Moreau a bien voulu se charger de faire cette analyse et de rédiger ces observations. Déjà, ce médecin éminent avait fait soumettre sous ses yeux, il y a quelques années, à un examen attentif, les eaux de la Rouillasse, dont l'analyse doit se trouver dans la topographie médicale de Rochefort et des environs.

Il résulte de cette nouvelle et dernière analyse, que cette eau minérale contient du carbonate de fer et des hydrochlorates de soude et de chaux; les autres substances salinoterreuses qu'elle tient en dissolution, ne peuvent en altérer les vertus. Le carbonate de fer que fournit l'eau de la Rouillasse y est assez abondant pour lui communiquer les propriétés stimulantes qui rendent l'usage des préparations ferrugineuses nécessaires, lorsqu'il faut augmenter l'action des organes, relever leur ton, fortifier le système musculaire, exciter les vaisseaux du sang, ajouter à la consistance de cette liqueur vitale et en accélérer le cours.

Il n'est pas inutile de rappeler, dans ce département, que Sommering a observé que la rate diminue chez les animaux qui prennent des préparations de fer.

L'état salin dans lequel le fer se trouve uni à cette eau, est le plus approprié à l'économie animale ; sa division extrême rend son action plus sûre ; le carbonate de fer est d'ailleurs une des préparations de ce métal que les médecins emploient le plus souvent.

L'eau de la Rouillase, quant à ses propriétés ferrugineuses, peut être comparée aux eaux de Forges, de Condé, d'Aumale, de Provins ; elle est dans le plus grand nombre de cas, préférable à celles de Passy, Caen, Alais, Segrai, etc., qui contiennent du sulfate de fer.

Les vertus fondantes, apéritives, stimulantes, laxatives de l'hydrochlorate de soude sont généralement connues. Combien les propriétés de ce sel ne sont-elles pas recommandables contre le relâchement des organes de la digestion, pour combattre les obstructions des viscères abdominaux, dues à l'influence d'un climat humide, à l'usage d'eaux puisées dans un terrain marécageux, ou produites par des fièvres intermittentes endémiques, dans quelques cantons du département de la Charente-Inférieure. Elles sont aussi avantageuses pour les maladies de la peau.

L'effet de ce sel n'est pas moins salutaire dans les engorgements laiteux chroniques des mamelles et des autres organes ; contre la maladie des autres glandes ; contre le rachitis, etc.

L'hydrochlorate de chaux, auquel l'eau minérale de la Rouillasse doit ses principales vertus, jouit de la plupart de celles de l'hydrochlorate de soude, mais elles sont bien plus énergiques encore. C'est surtout contre les maladies de la lymphe, des vaisseaux lymphatiques et de leurs ganglions, que ce sel agit d'une manière spécifique. Ses vertus combinées dans cette eau à celles des autres sels qu'elle contient, en font un remède vraiment précieux.

La saveur austère que présenta au goût de Venette le résidu de la distillation de l'eau de la Rouillasse, l'action que ce résidu produisit sur la langue de ce médecin, doivent être rapportées au mélange du carbonate de fer avec ces hydrochlorates et non pas à la présence d'une terre bolaire qui aurait été suspendue dans cette eau.

Le carbonate de fer qui se précipite dans l'eau de la

Rouillasse et qu'on trouve dans les bassins et dans les lieux qu'elle arrose, offre en effet un aspect ocreux, mais ce dépôt n'a aucune des qualités sapides qui furent observées dans le résidu de la distillation de 1682.

On ne peut d'ailleurs, comme le fait l'auteur précité, assimiler les eaux de la Rouillasse à celles de Pougnes, qui ne contient ni fer, ni hydrochlorate de chaux ; d'Availles, dont l'analyse est incertaine, et d'Auteuil, d'une nature indéterminée.

La source de Forges dite royale, est, parmi celles que Venette semble rapprocher par les propriétés de l'eau qui nous occupe, la seule dont l'analyse présente des rapports avec celle de la Rouillasse. Mais l'eau de Forges ne fournit pas d'hydrochlorate de chaux, qui ajoute tant aux vertus de la nôtre.

Il n'y a réellement en France, que la source des bains de Montferrand dite du Pont, près Carcassonne, et celle d'Ebaupin, près Nantes, qui présentent l'heureuse combinaison à laquelle l'eau de la Rouillasse doit ses vertus ; mais celle-ci est bien plus riche de leurs principes médicamenteux (1).

Les détails qu'il nous reste encore à ajouter sur l'eau de la Rouillasse, auront désormais moins pour objet de fixer l'attention de ceux qui la prescriront, que de détruire quelques erreurs publiées en 1682, et de faire connaître les inconvénients d'un remède qui, placé à portée de tout le monde et jouissant d'une réputation si méritée, pourrait être présenté par l'ignorance comme un remède à tous les maux.

D'abord, l'eau de la Rouillasse, recueillie à sa source dans des bouteilles propres, ne s'y corrompt point ; elle laisse précipiter son carbonate de fer d'autant plus vite, que les bouteilles ont été moins exactement bouchées; on devra agiter ces vases avant d'employer l'eau qu'ils contiennent. Elle s'altère dans les vaisseaux de bois, de même que l'eau la plus pure.

Ce serait également une erreur, de croire que cette eau est susceptible de fermenter et de se fortifier dans les

___

(1) On pourrait donc affirmer, d'après M. le docteur Bobe-Moreau, qui l'avait si bien étudiée, qu'il n'existe pas en France d'eau minérale aussi puissante que la nôtre.

bassins, par les minéraux qui y seraient en plus grande quantité que dans sa source.

Cette eau abandonne, au contraire dans ces bassins, une partie du carbonate de fer qui la minéralise; et, si elle n'est pas aussi bonne que lorsqu'elle est nouvelle et récemment sortie de sa source, on doit l'attribuer à ce qu'elle contient alors tout le carbonate de fer que la nature 'ui a confié, n'ayant point encore été aérée dans les bassins.

On pourrait, en deux mots, indiquer les propriétés de ces eaux, en disant qu'elles sont utiles dans toutes les maladies causées par l'affaiblissement, le relâchement, l'atonie des organes et contre les engorgements qui en sont la suite.

On doit ajouter, qu'il conviendrait de s'en abstenir dans toutes les maladies causées par irritation, spasme, pléthore.

Toutefois quelques détails sont ici nécessaires :

Les eaux de la Rouillasse sont utiles dans la guérison des fièvres intermittentes opiniâtres, et pour remédier aux engorgements des viscères abdominaux ; à l'ictère sans irritation ; la leucophlegmatie, ou autres épanchements séreux, suites de ces fièvres.

On peut l'opposer avec avantage, aux accidents produits par les concrétions biliaires.

Ces eaux sont nécessaires dans les maladies cutanées qni succèdent aussi quelquefois, aux fièvres intermittentes et qu'accompagnent souvent les obstructions des viscères du bas-ventre.

Elles sont également utiles pour la guérison des diarrhées, des dissenteries chroniques qui ont cessé d'être douloureuses.

Les blennhorées, les leucorrhées chroniques réclament aussi l'usage des eaux de la Rouilllasse. Elles peuvent être utilement employées en injection, dans cette dernière maladie.

Ces eaux seraient également bonnes dans le traitement des catarrhes chroniques de la vessie.

On ne peut que les recommander contre la néphrite culculeuse.

L'auteur des *Observations de 1682* indique plus précisément cette propriété ; il nomme quelques-uns des malades qui ont été guéris de cette maladie, par l'usage de cette eau et regrette de n'avoir pas obtenu de pouvoir nommer tous les autres, *pages 80 et 81*.

On n'administrerait pas ce remède, si la néphrite était accompagnée de douleurs trop vives.

Les diabétiques doivent espérer du soulagement de cette eau.

Quoique les préparations de fer, en excitant le système sanguin, déterminent souvent des hémorrhagies, cependant lorsque ces pertes de sang sont produites par l'inertie des organes, les eaux de la Rouillasse sont très-recommandables. On en obtiendrait des effets très heureux dans l'épistaxis qui accompagne souvent les obstructions anciennes de la rate; hémorragie qui, d'après l'observation du père de la médecine, guérit souvent cette maladie.

Un médecin doit diriger l'emploi de ces eaux, dans les cas où il y a hémorragie.

Les cas où ces eaux seraient nécessaires dans l'hémoptysie sont si rares, et ceux où leur usage pourrait être nuisible dans cette hémorragie, se présentent si fréquemment, qu'on doit conseiller de s'en abstenir, dans tout crachement de sang fourni par les organes de la respiration et même dans toutes les maladies accompagnées de toux ou de douleurs de poitrine, à moins qu'un médecin ne les prescrive.

Il n'en est pas de même de l'hématémèse; ce crachement de sang étant le plus souvent accompagné des maladies que les eaux de la Rouillasse guérissent ; ces eaux sont alors mieux indiquées, mais il est nécessaire qu'un médecin soit consulté; leur administration exige dans ce cas même, des précautions particulières.

Les mêmes raisons qui rendent ces eaux utiles dans l'hématémèse, les recommandent contre le flux hémorroïdal passif. D'ailleurs, comme la première de ces hémorragies, ce flux peut reconnaître l'affection maladive des organes du bas-ventre; les clystères de cette eau seraient alors très-utiles.

L'hématurie des vieillards et celle produite par les

varices de la vessie seront également diminuées par ces eaux ; les injections seraient opposées avec avantage contre la dernière de ces maladies.

La ménorrhagie réclame aussi leur usage, lorsque cette perte de sang est produite par la débilité des organes qui la fournissent. Les injections seraient alors très-recommandables ; il serait imprudent de ne pas consulter un médecin, dans ce cas.

Comment un remède qui suspend les hémorragies, peut-il exciter celles qui sont nécessaires? Il snffit que l'excès et la privation reconnaissent les mêmes causes. Les eaux de la Rouillasse sont donc un excellent moyen de guérir la chlorose, l'aménorrhée ; dans cette dernière maladie, il faut bien avoir égard à l'influence des nerfs et des affections utérines. Les conseils d'un médecin sont alors nécessaires.

Utiles dans plusieurs maladies atoniques de l'estomac, accompagnées de vomissements, dyspepsie, de boulinie, contre le pica; il faudrait s'en abstenir, si ces maladies reconnaissaient pour cause des inflammations chroniques de l'estomac, ou un vice organique de ce viscère.

Les eaux de la Rouillasse si utiles pour prévenir le scorbut, seraient insuffisantes pour sa guérison ; elles pourraient même être dangereuses, dans certains états de cette maladie ; mais on combattrait avec avantage, par des gargarismes de cette eau, le relâchement des gencives et leurs ulcérations. Cette eau serait aussi utilement employée dans les pansements des ulcères scorbutiques, atoniques, psoriques, si communs dans les pays marécageux.

Le vulgaire confond le carreau avec l'intumescence du ventre, produite par l'obstruction du foie et de la rate, chez les enfants; obstructions auxquelles on oppose avec tant d'avantages les eaux de la Rouillasse.

Ces eaux sont également utiles contre le scrofule, c'est même contre cette maladie, et le rachitis, que cette eau produit les plus heureux effets.

En général, l'eau de Rouillasse peut être employée avec succès, pour la guérison des enfants réduits à cet état qu'on exprime par ces mots : *être en langueur.* Lorsqu'il n'est pas le résultat d'une inflammation chronique.

Ses vertus toniques et laxatives la désignent avec éloge contre la diathèse vermineuse.

Les boues de ces eaux pourraient être appliquées utilement sur les hydrocèles, principalement dans l'enfance. Leur astriction les rendrait aussi utiles contre les hernies de cet âge.

Dépouillées de tout le merveilleux dont on les avait environnées et ramenées à leurs véritables usages, les eaux de la Rouillasse sont donc un véritable bienfait de la Providence, pour leurs vertus si bien appropriées aux maladies qu'on observe le plus fréquemment, dans les contrées marécageuses de ce département.

L'observation qui prouve que l'eau de la Rouillasse laisse précipiter le carbonate de fer, et que l'eau puisée dans le bassin agit avec moins d'énergie que celle prise à sa source, indique la préférence que l'on doit donner à cette dernière, lorsqu'on veut jouir de toutes les propriétés de ce remède ; on peut d'ailleurs en user en tous les temps, loin de la source qui le produit.

NOTA. Pendant que M. le docteur Bobe-Moreau s'occupait, à Rochefort, de l'analyse de l'eau de la Rouillasse, M. le docteur Senné, ancien député de la Charente-Inférieure, fit prier, à Paris, le savant chimiste Vauquelin, d'analyser ces mêmes eaux. Le résultat de cette analyse se trouve dans la lettre ci-après, de M. le docteur Senné à M. le docteur Bobe-Moreau.

Saint-Just, 20 mars 1818.

Monsieur,

J'ai reçu, il y a quelque temps, l'analyse des eaux minérales de la Rouillasse, faite par M. Vauquelin. Devant faire un voyage à la Rochelle, j'avais le désir de vous remettre, moi-même, le résultat de ce célèbre professeur; mais ce voyage pouvant encore être retardé de quelques jours, je me décide à vous adresser cette analyse qui prouve que je ne me suis pas trompé en reconnaissant à cette eau des propriétés qui la rendent infiniment précieuse dans cette contrée. J'en ai souvent prescrit l'usage depuis *vingt-cinq ans*, et je puis dire *presque toujours* avec succès Mon père qui a fait la médecine pendant *quarante ans*, dans ce pays, en avait aussi observé de très-bons effets. »

Analyse des Eaux minérales de la Rouillasse.

Par M. VAUQUELIN.

Un litre de cette eau évaporée à siccité a fourni 800 milligrammes, ou 16 grains, de résidu jaunâtre salé qui a donné à l'analyse:

Muriate de chaux . .	0,150
Muriate de soude . .	0,200
Carbonate de chaux. .	0,250
Sulfate de chaux. . .	0,100
Oxide de fer. . . .	0,050

« Cette eau est de la classe des eaux ferrugineuses. » Elle contient environ un grain d'oxide de fer par pinte; » cet oxide y est uni à l'acide carbonique ; elle contient » de plus des sels fondants, les muriates de chaux et de « soude. Il n'est pas douteux, dit ce savant chimiste, que » cette eau employée à propos, ne produise de très bons » effets.

» Telle est la note qui m'a été remise de la part de M. Vauquelin.

» Recevez, Monsieur, l'assurance, etc.

« Signé : SENNÉ, D. M. M. »

Il est bon d'observer que les analyses faites à Paris et à Rochefort, dans le même temps, offrent précisément les mêmes résultats. On a cependant trouvé à Rochefort, une très-petite quantité de magnésie dont on n'a pas cru devoir tenir compte.

Ces analyses ne présentent de différence que dans la nomenclature.

A Rochefort, on a compris les sulfate et carbonate de chaux, sous le nom générique de substances salino-terreuses; on n'avait à parler que des principes médicamenteux qui rendent ces eaux recommandables.

Le Ministre de l'intérieur ayant depuis ordonné qu'elles fussent soumises à l'examen de la Faculté de médecine de Paris, cette Société savante y a retrouvé les mêmes principes déjà signalés dans les deux premières analyses, et sur son rapport favorable, est intervenue la décision ministérielle du 9 juillet 1819 qui autorise officiellement le débit des eaux minérales de la Rouillasse.

OBSERVATIONS DE M. LE DOCTEUR SAVIGNY,

Chevalier de la Légion-d'Honneur, ancien médecin à Soubise, où pendant plus de 20 années et à quelques pas de l'établissement, il a pu mieux que personne, suivre et apprécier l'action de ce remède.

PREMIÈRE OBSERVATION.

Madame ***, à Saint-Nazaire, était depuis fort longtemps tourmentée par des graviers dans les reins. Les douleurs qu'éprouvait cette dame étaient excessives et l'empêchaient fréquemment de se livrer à ses occupations. Après avoir, par des conseils des gens de l'art, employé tous les moyens connus pour combattre cette cruelle maladie, et n'en avoir éprouvé que peu de soulagement, elle me consulta ; il était presque impossible d'ajouter à la liste des moyens dont elle avait fait usage, et sans balancer, je lui prescrivis les eaux de la Rouillasse. La malade en fit usage pendant une partie de l'été de 1819. Les crises de colique devinrent plus rares et elle rendit avec les urines plusieurs graviers d'un jaune rougeâtre, que je reconnus être formés d'*acide urique*. L'un d'eux pouvait avoir trois lignes en longueur, sur deux au moins de circonférence. Depuis ce temps, cette dame éprouve, dans son état, une amélioration très sensible. L'abdomen, qui était très volumineux par l'engorgement de la rate, a perdu considérablement de son volume; les douleurs des reins ne paraissent que très rarement et sont extrêmement faibles, la malade est enfin dans un état qui fait présumer que l'emploi des eaux de la Rouillasse, pendant une partie de l'été de 1820, pourra amener une terminaison des plus heureuses pour sa maladie.

DEUXIÈME OBSERVATION.

L'épouse de M'**, âgée de 23 ans, demeurant au port des Barques, en Saint-Nazaire, d'un tempérament lympathico-sanguin, éprouva dans l'hiver de 1818, une suppression des menstrues, avec pesanteur dans les lombes et dans les membres inférieurs. Cette jeune femme qui, avant cet événement, jouissait de la santé la plus belle et dont l'éclat du teint était des plus brillants, tomba en peu de jours, dans un état d'émaciation qui alarma vivement ses parents. Les joues se décolorèrent et tous les soirs il survenait un gonflement des pieds, qui se prolongeait jusqu'au-dessus des molléols; elle éprouvait un dégoût presque insurmontable pour toutes sortes d'aliments. La fièvre était presque continue, avec exacerbation des paroxismes, sur les six heures du soir. La faiblesse devint telle, que son père qui désirait aller consulter nn médecin, à une lieue de là, voulant la transporter sur les lieux, ne put y réussir. La malade tomba sans connaissance à moitié route et on renonça au projet de l'emmener plus loin. Ce fut alors que l'on m'appela. Après lui avoir administré les premiers soins, j'ordonnai les médicaments qui, dans cette circonstance, me parurent impérieusement recommandés. Au commencement de la belle saison, je prescrivis les pédiluves, les sangsues, mais peu de médicaments internes. Je conseillai principalement à la malade les promenades à pied ou à cheval, et les eaux de la Rouillasse. Ce régime amena, au bout d'un mois, un mieux très marqué. J'insistai encore sur l'usage des eaux, pendant au moins un mois; la malade, après ce temps, fut dans une parfaite santé; elle recouvra toutes les fleurs de son teint et l'embonpoint qu'elle avait perdu.

TROISIÈME OBSERVATION.

La fille d'un nommé B'**, du village de Lupin, en Saint-Nazaire, me consulta pour un cas semblable. La malade ne me paraissait pas susceptible de subvenir aux frais d'nn traitement qui exigeait l'achat de quelques médicaments. Je lui prescrivis simplement l'usage des sangsues à la vulve, à plusieurs reprises, et pour toute boisson, les eaux de la Rouillasse. Cette fille, qui depuis quinze jours ne pouvait plus sortir de son lit, fut rétablie en moins de cinq semaines.

QUATRIÈME OBSERVATION.

Le fils d'un nommé G***, cultivateur au village des Bernadières, en Saint-Nazaire, âgé de neuf ans, d'un tempérament lymphatique, fut atteint pendant l'été de 1818, d'une fièvre intermittente dont les types étaient variables. Je la combattis avec le quinquina, et le malade, que je trouvai bien, pendant plusieurs jours, me parut entièrement guéri. Un mois après ce premier traitement, la fièvre reparut sous le type tierce; le quinquina fut encore administré comme la première fois; il y eut cessation des paroxismes; mais quelque temps après, ils reparurent tous les huit ou quinze jours, durant tout l'hiver. Les viscères du bas-ventre s'engorgèrent et j'abandonnai l'usage du quina pour celui de quelques amers seulement.

Au mois de mars, la fièvre existant encore, l'engorgement des viscères abdominaux étant considérable, je prescrivis les eaux de la Rouillasse pour boisson, et leur application sur le bas-ventre en fomentation. Vers la fin d'avril, cet enfant qui depuis six mois était tourmenté par la fièvre, s'en trouva débarrassé et tellement bien, que ses parents voulaient cesser tout traitement. L'abdomen avait perdu considérablement de son volume; mais craignant le retour de la maladie, j'ordonnai de continuer jusqu'à la fin de mai, époque à laquelle on m'amena le malade, qui était parfaitement rétabli.

CINQUIÈME OBSERVATION.

M***, propriétaire au village du Vert, en Saint-Nazaire, avait depuis six mois une fièvre intermittente qui avait été combattue par le quinquina ; les accès cédaient pendant quelques jours, mais reparaissaient bientôt avec autant de violence. Ce malade, désespéré de n'avoir pu obtenir guérison par tous les moyens qu'il avait employés, vint me demander mon avis. Je lui conseillai les eaux de la Rouillasse, qui répondirent à mon attente, et lui procurèrent en peu de temps une guérison complète.

Telles sont les observations que j'ai recueillies dans l'emploi des eaux de la Rouillasse. J'omets d'en relater une foule d'autres, parce qu'il serait fastidieux de reproduire les mêmes détails et les mêmes résultats.

SAVIGNY, D. M.

NOTA. *Les personnes qui voudraient faire usage de ces eaux, devront s'adresser, sur les lieux mêmes, au sieur Laroche, fermier de la propriété, qui s'empressera de leur donner toutes les facilités désirables.*

St-Jean-d'Angély. — Imp. administrative de J. SAUDAU.